AF338414

DESCRIPTION

DES

OSSEMENTS DE FELIS SPELÆA

DÉCOUVERTS

DANS LA CAVERNE DE LHERM (ARIÉGE)

PAR MM.

E. FILHOL
Professeur à la Faculté des sciences de Toulouse.

ET

HENRI FILHOL
Membre des Sociétés de géologie et d'anthropologie de Paris.

PLANCHES

PARIS

VICTOR MASSON ET FILS
PLACE DE L'ÉCOLE-DE-MÉDECINE

1871
1872

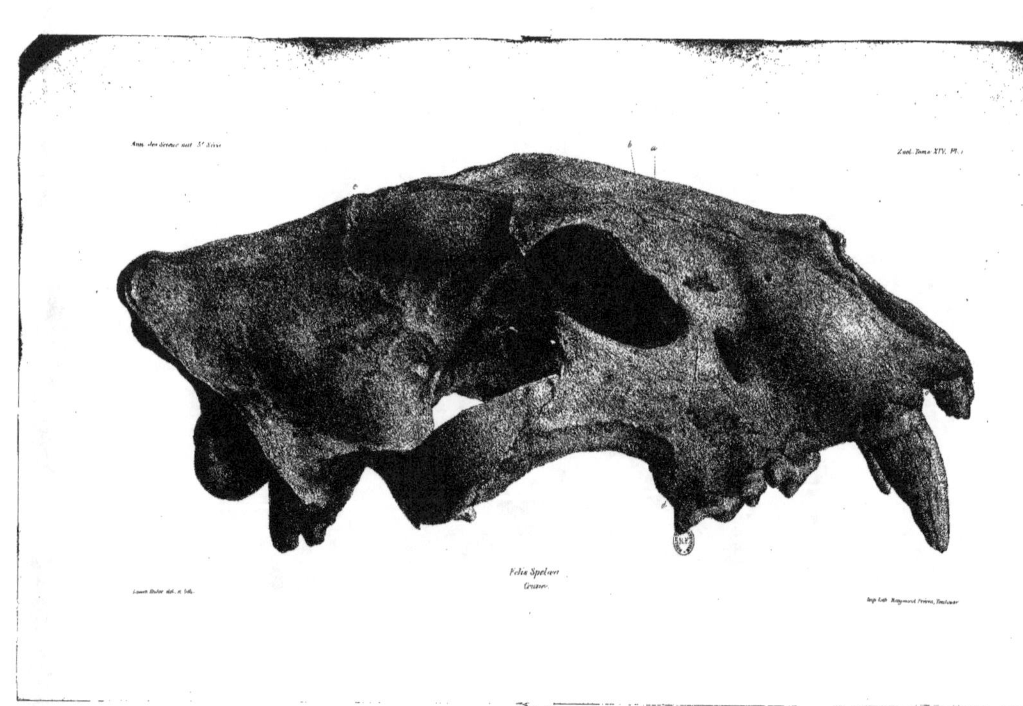

Ann. des Sciences nat. 3e Série
Zool. Tome XIV. Pl. 1
Felis Spelaea
Cuvier
Lauret Mulot del. et lith.
Imp. Lith. Raymond Frères, Toulouse

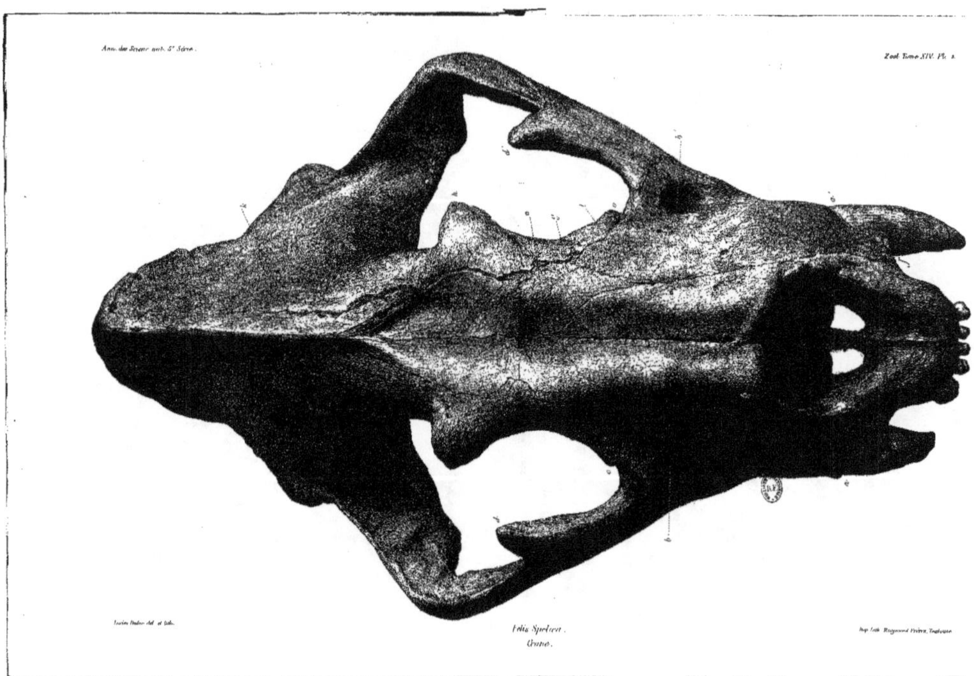

Felis Spelaea.
Crâne.

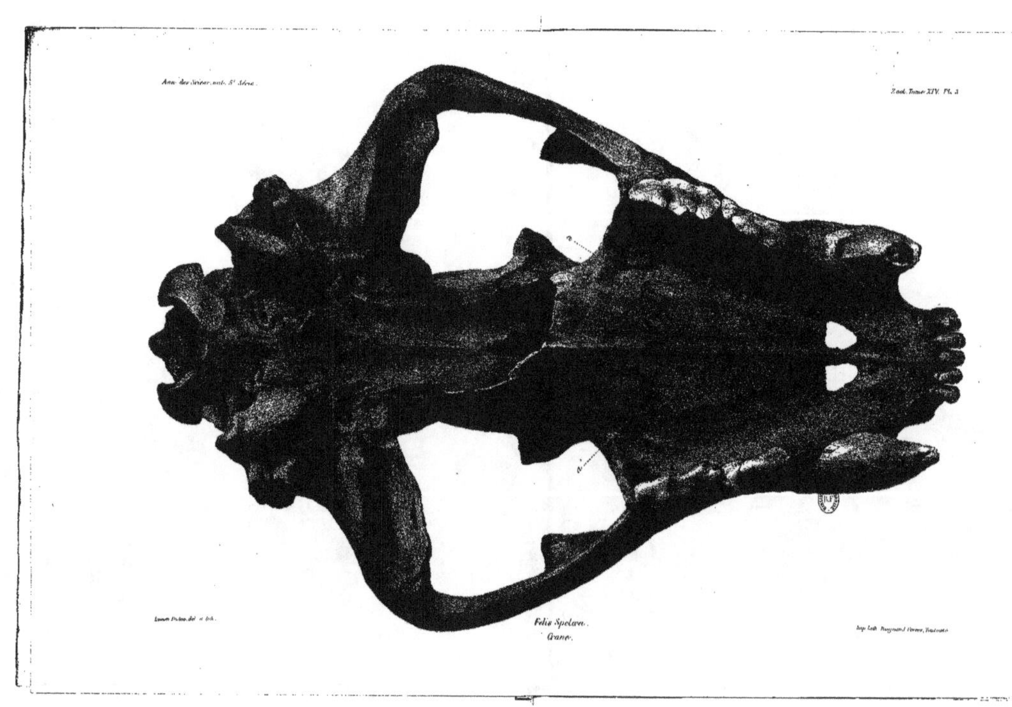

Felis Spelaea.
Crane.

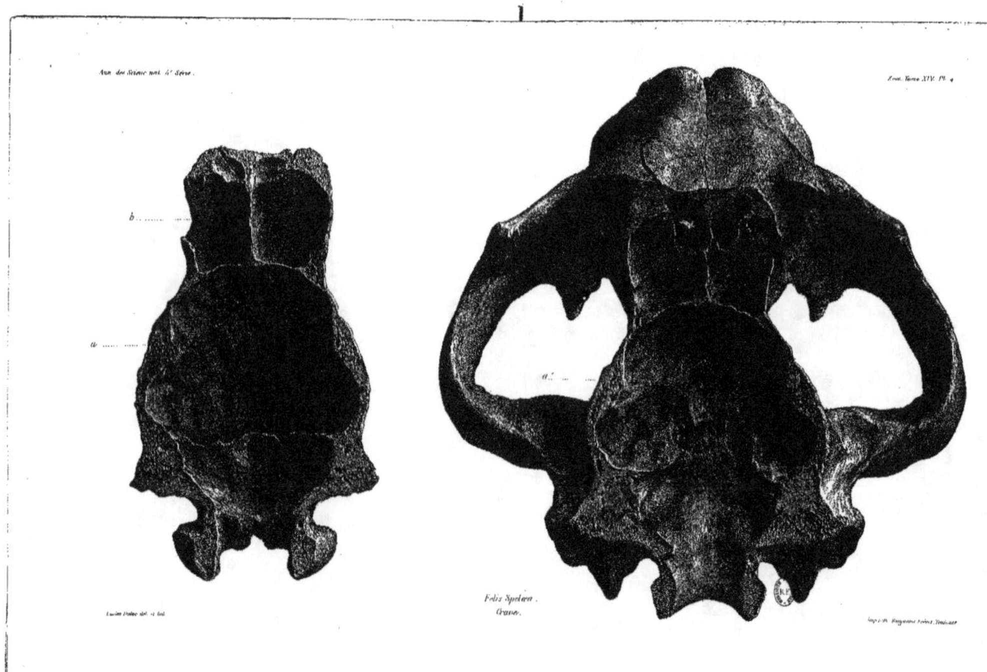

Felis Spelæa .
Crâne.

Lucien Dulac del. et lith.

Imp. i. Pl. Hugerand Frères. Toulouse

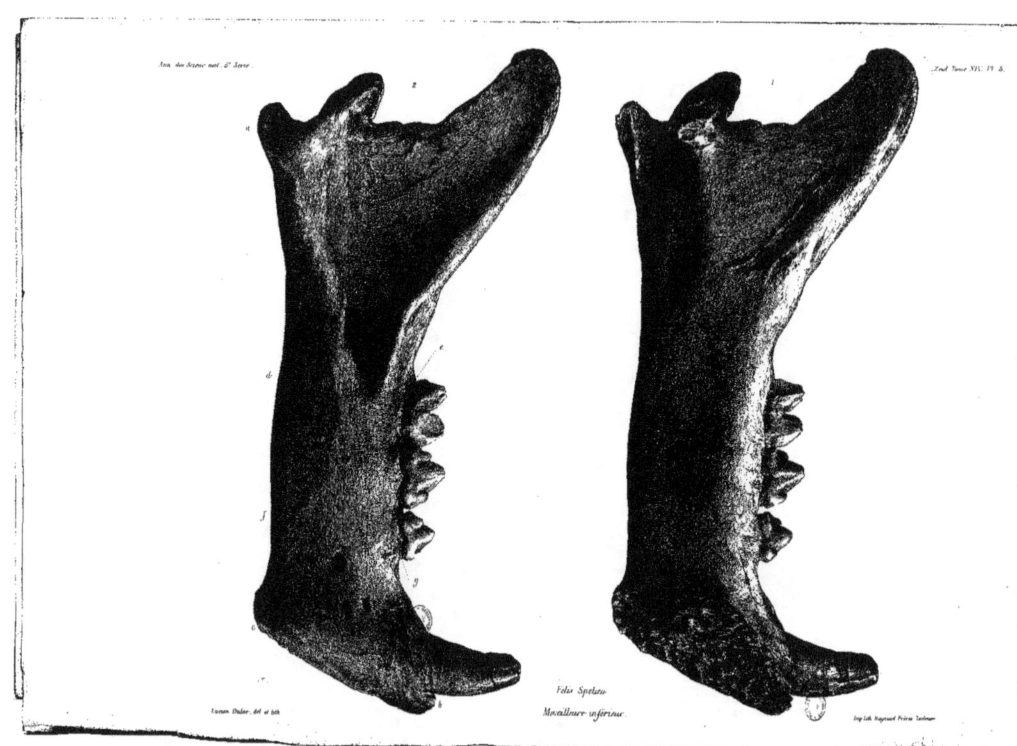

Felis Spelaea.
Maxillaire inférieur.

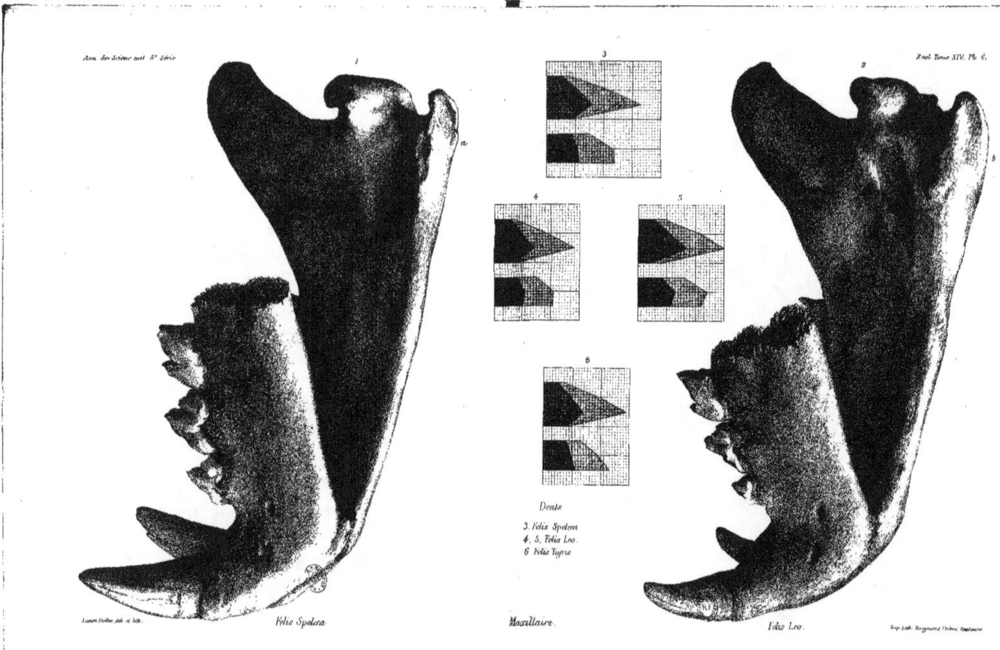

Ann. des Scienc. nat. 5e Série.
Zool. Tome XIV. Pl. 6.
1
2
3
4
5
6
Dents
3. Felis Spelæa
4, 5, Felis Leo.
6 Felis Tigris
Laurens Dodun, del. et lith.
Felis Spelæa.
Maxillaire.
Felis Leo.
Imp. Lith. Raymond Frères, Toulouse.

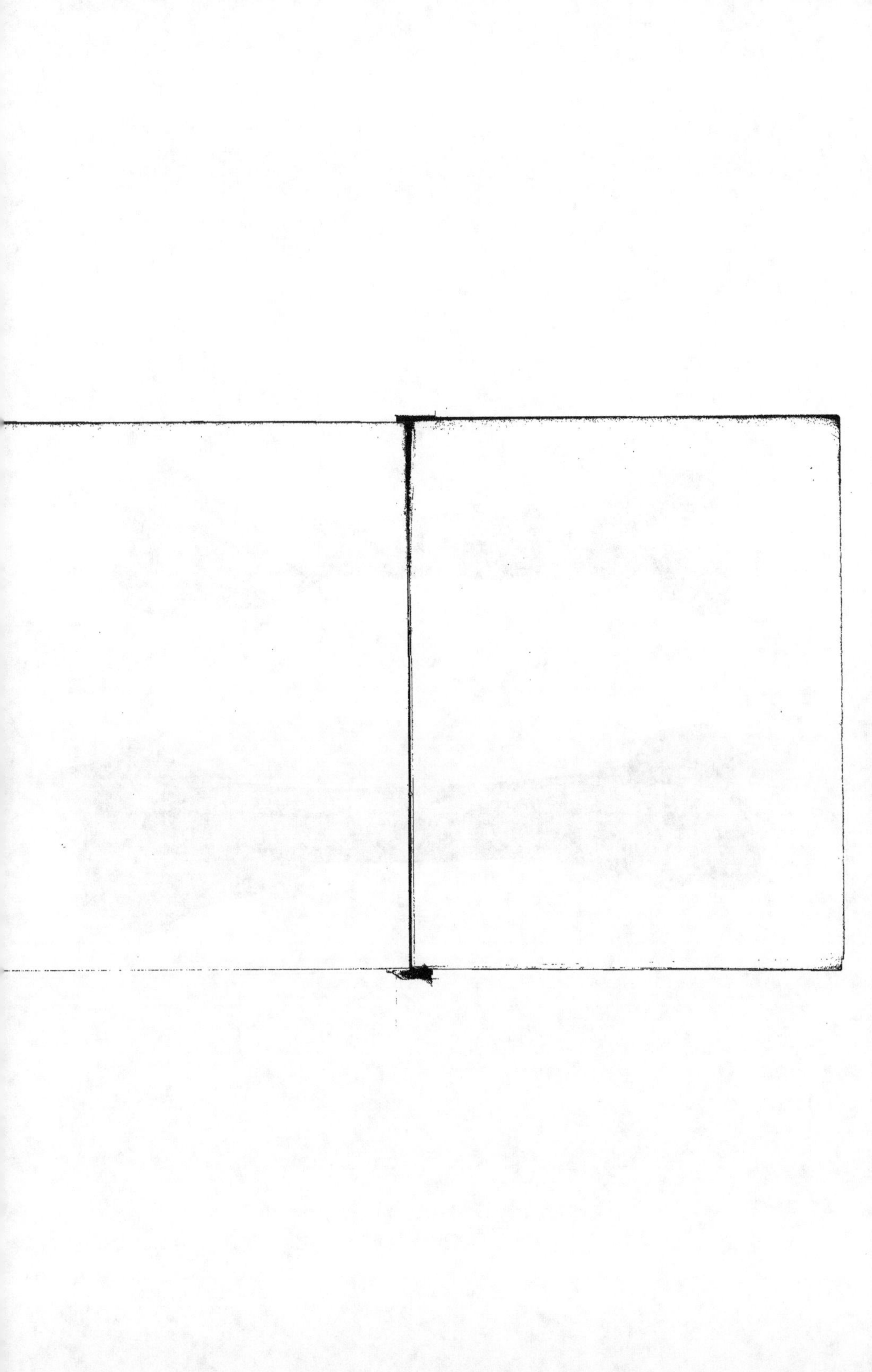

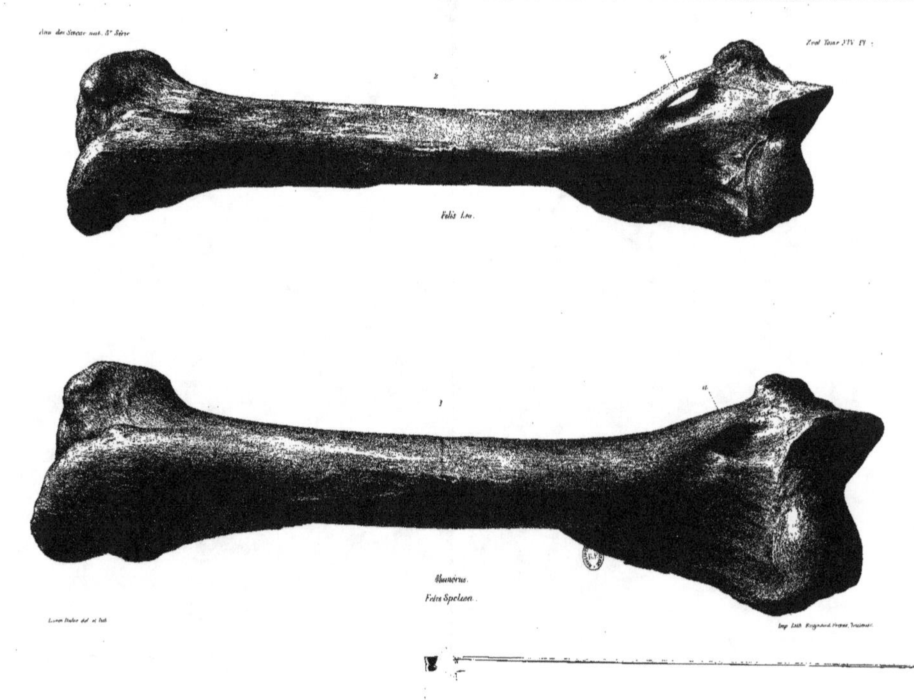

Ann. des Sciences nat. 5.e Série
Zool. Tome XIV. Pl.
Felis Leo.
Humérus.
Felis Spelaea.

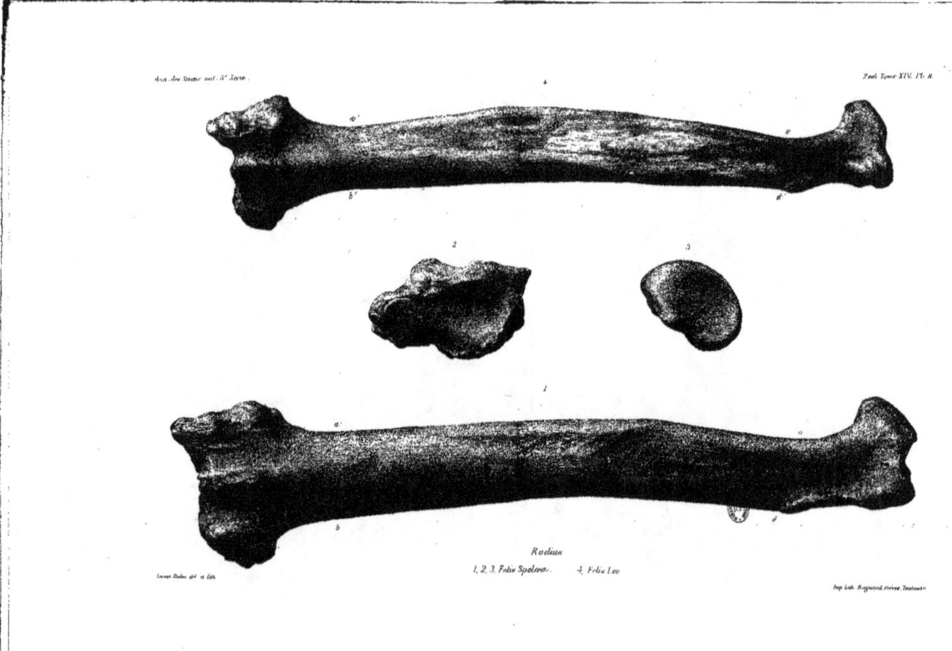

Radius

1, 2, 3. Felis Spelæa.   4. Felis Leo

Louis Dubois del. et lith.
Imp. Lith. Rogouard frères, Toulouse.

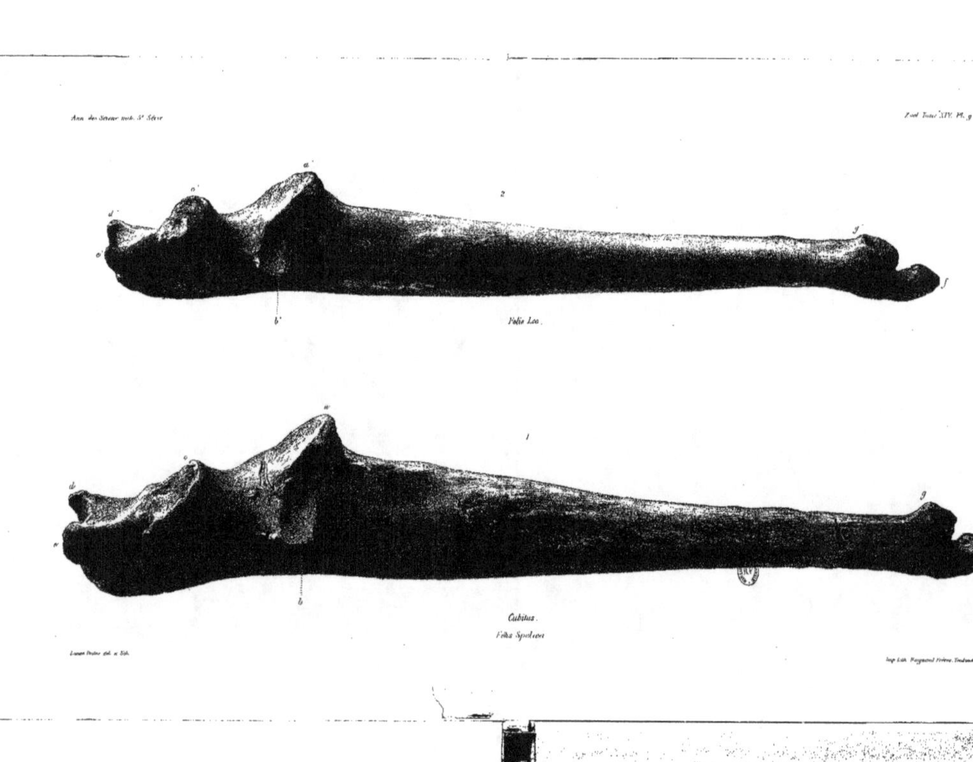

Langlumé Pinxit del. et lith. Imp. Lith. Reygnaud Frères. Toulouse.

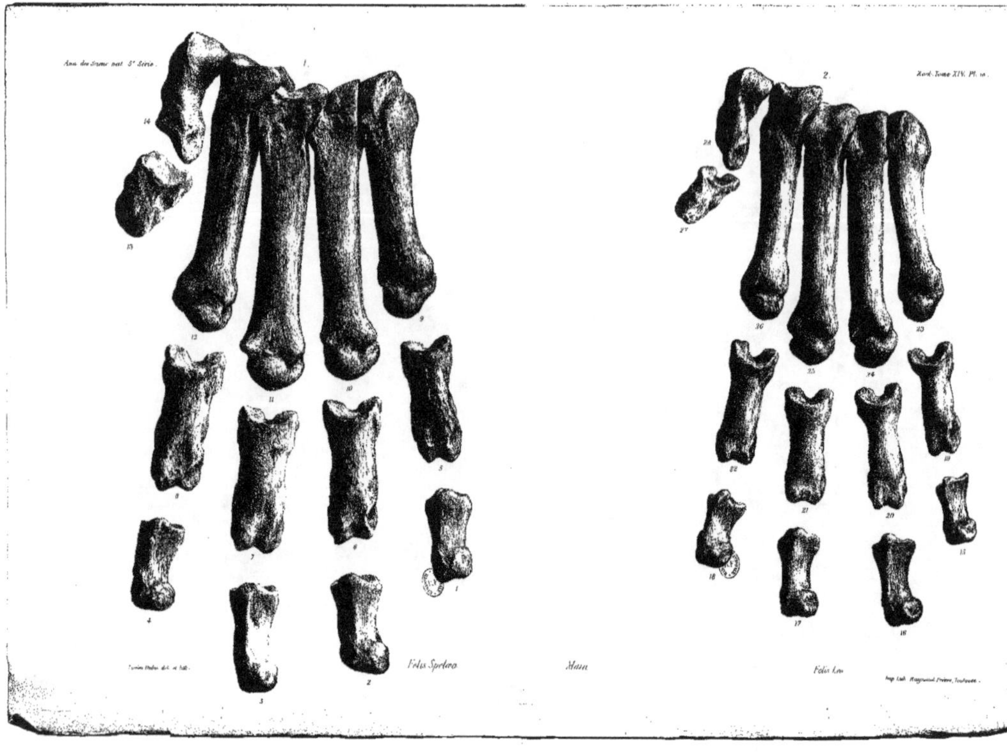
Ann. des Scienc. nat. 3e Série.
1.
2.
Jard. Tome XIV. Pl. 10.
Emile Blanc del. et lith.
Felis Spelæa
Main
Felis Leo
Imp. Lith. Magnanal Frères, Toulouse.

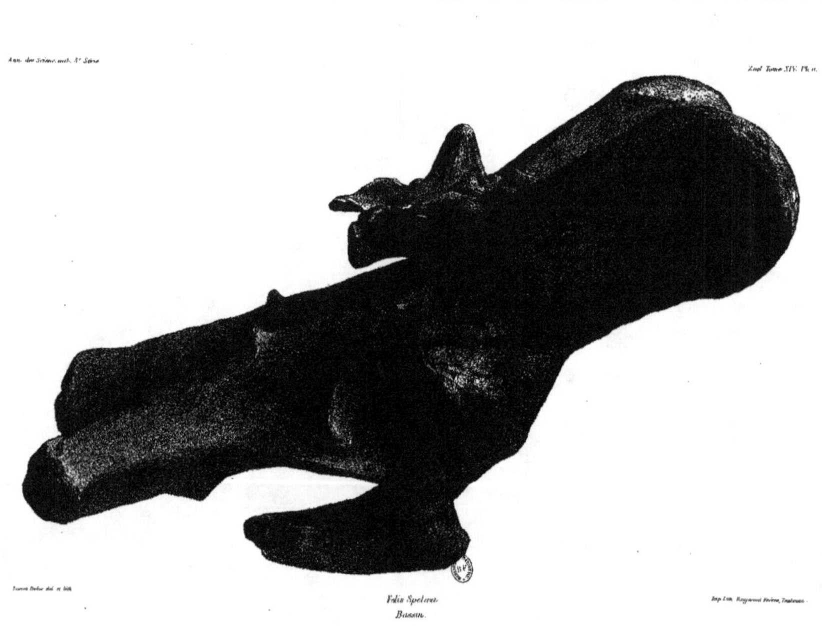

Laurens Barbaz del. et lith.

Felis Spelaea.
Bassin.

Imp. Lith. Raymond Frères, Toulouse.

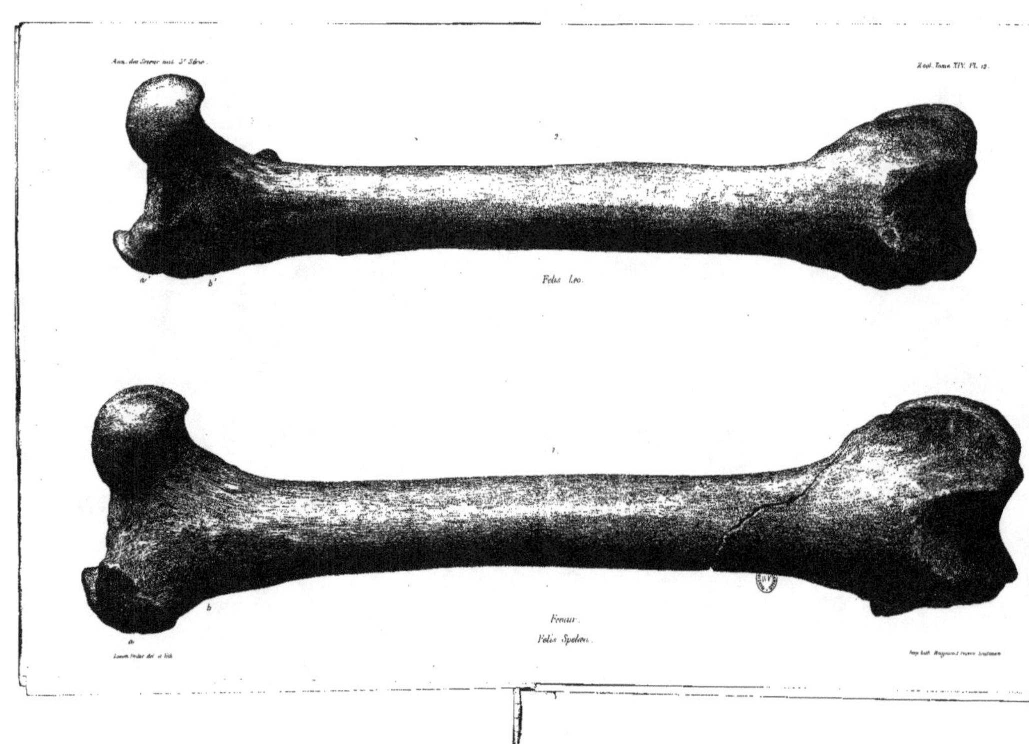

Femur.

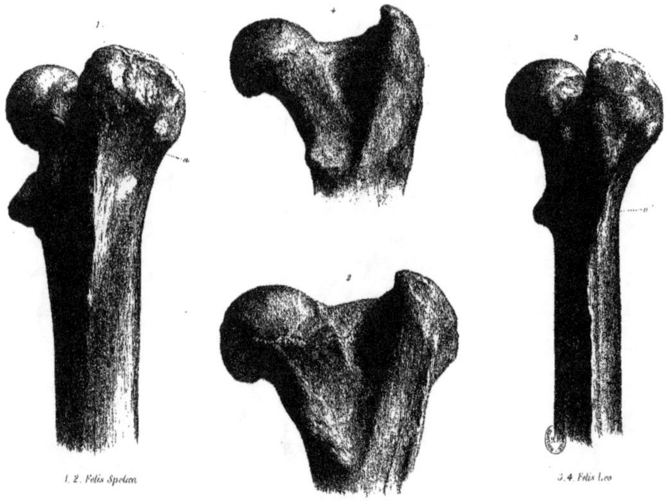

1. 2. Felis Spelaea

3. 4. Felis Leo

Femur.

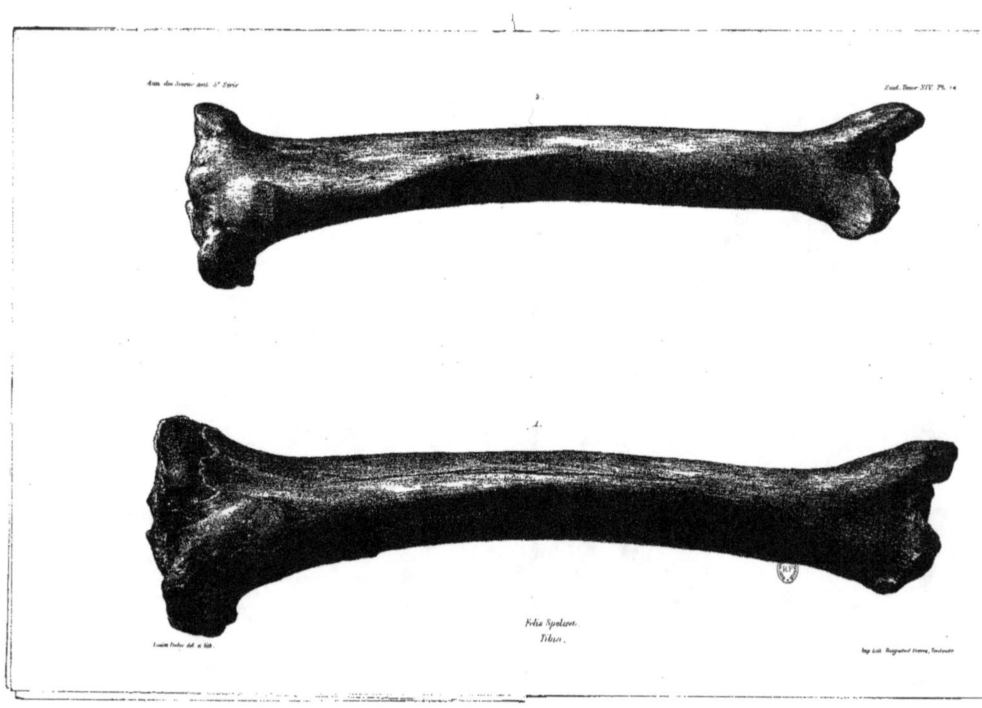

Felis Spelaea.
Tibia.

Louise Dodur del. et lith.

Imp. Lith. Rougnard Frères, Toulouse.

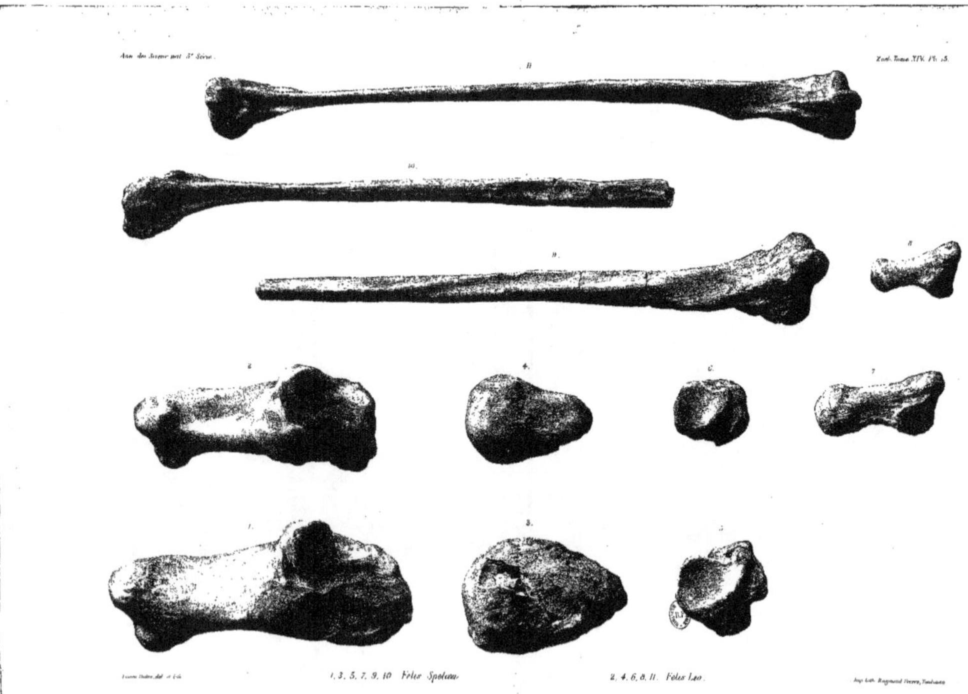

Ann. des Sciences nat. 5.e Série.
Zool. Tome XIV. Pl. 5.
1. 3. 5. 7. 9. 10. Felis Spelæa.
2. 4. 6. 8. 11. Felis Leo.
Imp. Lith. Raymond Frères, Toulouse.

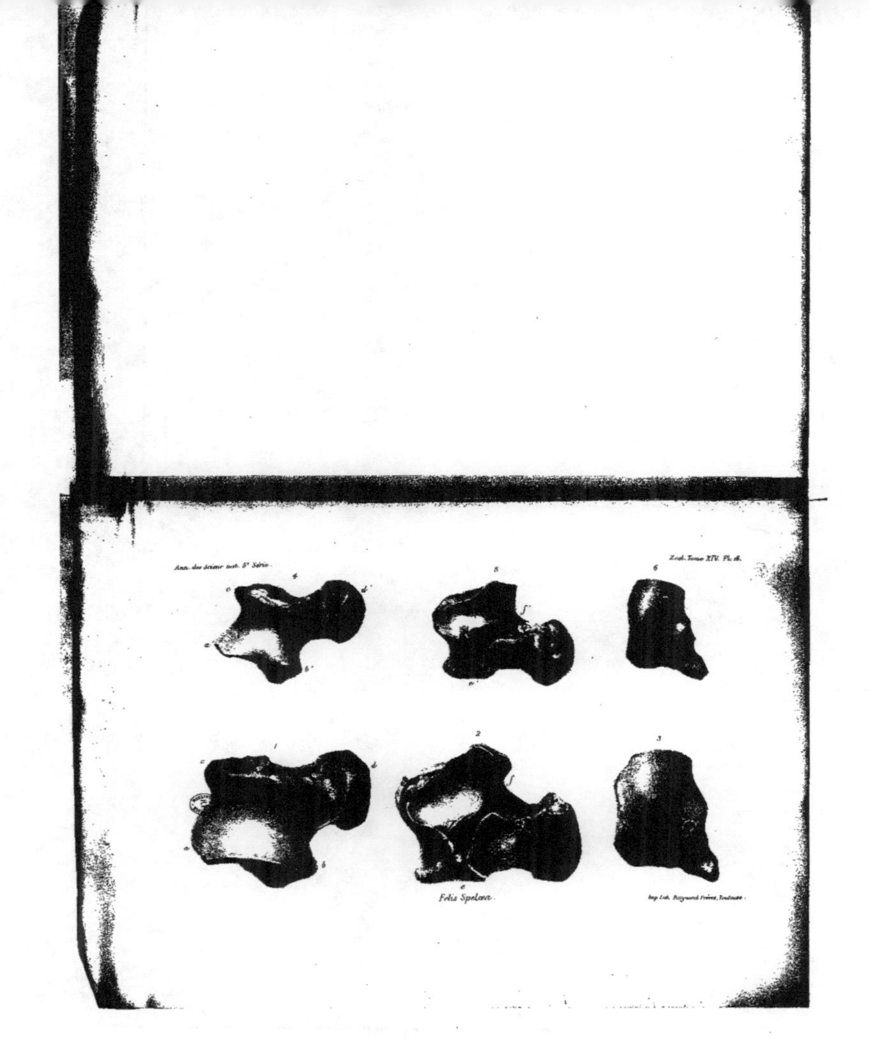

Ann. des Scienc. nat. 5ᵉ Série.
Zool. Tome XIV. Pl. 8.
Felis Spelæa.
Imp. Lith. Bazzainond Frères, Toulouse.

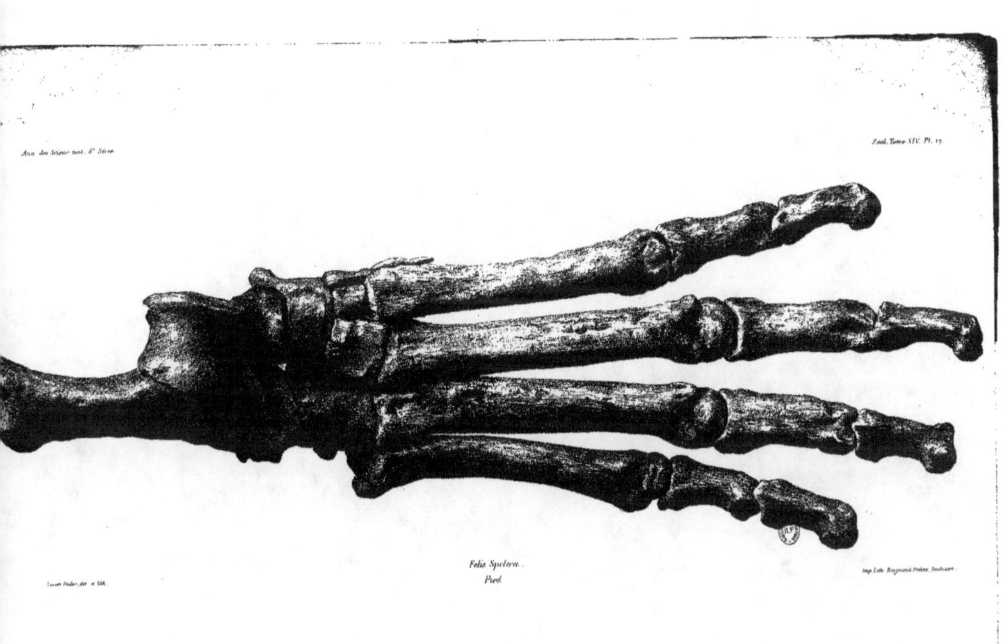

Ann. des Scienc. nat. 5.e Série.
Zool. Tome XIV. Pl. 17.
Louis Prêtre, del. et lith.
Felis Spelæa.
Pied.
Imp. Lith. Rnymond Frères, Toulouse.